참새가 궁금해?

익숙한 듯 낯선 이웃

참새가 궁금해?

펴낸날 2019년 8월 16일

글쓴이 채희영
그린이 김왕주

펴낸이 조영권
만든이 노인향, 백문기
꾸민이 토가 김선태

펴낸곳 자연과생태
주소 서울 마포구 신수로 25-32, 101(구수동)
전화 02) 701-7345~6 **팩스** 02) 701-7347
홈페이지 www.econature.co.kr
등록 제2007-000217호

ISBN : 979-11-6450-002-4 03490

익숙한 듯 낯선 이웃

참새가
궁금해?

글 채희영 · 그림 김왕주

자연과생태

참새는 사람이 사는 곳이라면 어디에나 있고, 참새를 모르는 사람도 없습니다. 그러나 참새가 무엇을 주로 먹으며, 어디에 머물고, 어떻게 번식하는지 같은 생태를 아는 사람은 매우 적지요.

새 연구자나 탐조 동호인이라고 해도 참새에는 관심이 적습니다. 아무래도 조사, 관찰 장소가 산이나 들, 바다, 섬처럼 떠나는 것만으로도 가슴 설레는 곳이 아니고 마을이나 집 주변이라 매력을 덜 느끼는 것 같습니다. 도시 근처 숲이나 마을 집들 사이에 숨어서 쌍안경으로 새를 관찰한다면 수상하게 여기는 눈초리를 피하기도 어렵고요. 게다가 집 주변에 사는 동물은 경계심이 매우 강해서 연구 자료를 수집하기도 쉽지 않습니다.

생물 대부분이 인간과 거리를 두고 살아가는데 참새는 왜 사람 곁에서 살아갈까요? 그런 궁금증은 저를 참새 연구로 이끌었고, 그리해서 알게 된 이야기를 이 책에 풀어놓습니다. 자주 마주치면서도 어떻게 살아가는지 알지 못했던 참새 생태를 알리고, 이로써 참새를 새롭게 바라보게 된 독자들이 다른 새와 주변 생물로도 관심을 넓혀 가길 바라서입니다.

책을 준비할 때 많은 분이 도와줬습니다. 원고를 살피고 필요한 자료를 제공해 준 국립생태원 이선미 박사, 국립공원연구원 김미란 박사, 유류오염연구센터 황다혜 연구원에게 감사 인사를 전합니다. 이와 더불어 사진과 그림을 제공해 준 국립공원연구원 조류연구센터 진경순 연구원, 국립생물자원관 김성현 박사, 지리산국립공원 본부 박종길 부장, 국립공원연구원 홍길표 팀장, 박창욱 연구원, 이승연 연구원, 전남대학교 이주현에게도 감사한 마음을 전합니다. 마지막으로 이 책이 세상에 나올 수 있게 도와주신 자연과생태 조영권 편집장님과 편집부 분들, 책을 예쁘게 꾸며 주신 김선태 선생님에게 깊이 감사드립니다.

2019년 8월
채희영

참새가 없는 풍경?

익숙한 듯
낯선 이웃

내가 아는 그 새가
정말 참새일까요?

지붕이나 전깃줄에 앉아 짹짹거리는 참새를 모르는 사람이 있을까요? 참새는 우리에게 가장 친근한 새 가운데 하나입니다. 산이나 바닷가에서는 거의 볼 수 없고 주로 마을 주변에 살기 때문이지요. 그런데 우리가 생각하는 참새가 정말 참새가 맞을까요?

어느 초등학교에서 새를 소개하는 수업을 한 적이 있습니다. 학생들에게 주변에 사는 새를 아느냐고 물었더니 대개 참새, 까치, 비둘기를 말했습니다. 사실 우리 주위에는 이 외에도 박새, 곤줄박이, 딱새, 직박구리, 방울새, 딱다구리, 까마귀 등 생각보다 다양한 새가 살지요.

사는 곳이 도시더라도 집 주변을 10분 정도 걸으며 찬찬히 살펴보면 어렵지 않게 대여섯 종을 볼 수 있습니다. 그런데도 많은 사람이 주변에서 볼 수 있는 새라고 하면 참새, 까치, 비둘기 정도만 떠올리는 것은 새를 유심히 관찰해 본 경험이 적어서일 거예요. 흔히 한 종이라고만 생각하는 까치와 비둘기도 각각 까치와 물까치, 비둘기와 멧비둘기로 나뉘며, 자세히 살펴보면 저마다 생김새가 다르지요.

참새

곤줄박이

딱새

박새

방울새

그렇기에 우리가 으레 참새라고 생각하는 새도 어쩌면 참새가 아니라 곤줄박이, 딱새, 박새, 방울새일지 모릅니다. 지금부터 '참새'라는 새를 요모조모 살피면서 과연 이전에 알던 그 새가 진짜 참새였는지 알아봅시다.

참새 부리는 씨앗을 먹는 데 알맞은 원뿔 모양이며,
날개는 갈색 바탕에 검은색 반점이 있어요.

참새는 암수 모두 전체적으로 갈색을 띠지만* 세심히 관찰하면 다양한 색과 무늬로 이루어졌다는 것을 알 수 있습니다. 머리 위는 갈색이며 멱은 검은색입니다. 날개는 갈색 바탕에 검은색 줄무늬가 있으며, 흰색 띠가 2개 있어요. 목부터 뺨 부위에는 흰색 무늬가 많으며, 뺨에는 검은색 반점이 있습니다. 몸 아랫면은 때 묻은 듯한 흰색이며 연한 갈색 줄무늬가 있고요. 부리는 짧은 원뿔 모양으로 끝이 뾰족해 벼, 보리 같은 작물 씨앗을 먹는 데 알맞습니다. 부리는 비번식기에는 갈색을 띤 검은색이지만, 번식기에는 새까맣게 변해요. 다리는 짧고 튼튼하며 통통 뛰면서 이동합니다. 몸 크기는 14cm 정도이며, 무게는 20g 정도로 어른 주먹보다 작습니다.** 참고로 달걀 1개 무게가 50g, 감귤 1개가 100g 정도이므로, 실제 참새를 손에 담아 보면 깜짝 놀랄 만큼 가볍지요.***

ⓒ 김경순

---

* 대부분 참새속은 암수 색깔이 확연히 다르지만 우리나라에 사는 참새와 아프리카 중부에 사는 회색머리참새는 암수 색깔이 같습니다.

** 국어사전에서는 접두어 '참'을 "진짜/ 진실하고 올바른/ 품질이 우수한" 등으로 풀이합니다. 그러나 참새의 '참'은 이보다는 조그맣고 좁다랗다는 뜻인 '좀'에서 왔으며, 이것이 차츰 좀→ 좀→ 촘→ 참으로 변한 것으로 보는 게 적당합니다. 도요새 가운데 가장 작은 종이 좀도요인 것처럼요.

*** 새는 하늘을 날아야 하므로 몸이 가벼운 형태로 진화해 왔습니다. 뼈도 속이 비어 가볍지요.

너는 누구니?

참새는 참새목(Passeriformes) 〉 참새과(Passeridae)* 〉 참새아과 (Passerinae) 〉 참새속(*Passer*)에 속하며, 전체 종 수는 학자에 따라 다르게 정리됩니다. Moreau and Greenway (1962)는 15종, Howard and Moore (1980)는 18종, Monroe and Sibley (1993)는 23종, Clement, Harris and Davis (1993)는 21종으로 분류했으나 일반적으로는 Moreau and Greenway (1962) 분류를 따릅니다.

참새는 유라시아, 아프리카, 아메리카, 오세아니아 등에 넓게 분포하지만 기원은 아프리카로 알려졌어요. 현재 많은 종이 아프리카에 살며, 참새속 15종 중에서 9종은 아프리카에서만 보이기 때문이지요. 이런 이유로 참새 기원은 아프리카이고 일부가 유라시아, 오세아니아 등으로 분포 지역을 넓혔으리라 추측할 수 있습니다. 가장 폭넓게 분포하는 종은 집참새이지만, 아메리카 및 오세아니아에는 사람들이 들여와 퍼진 것으로 보여요.

---

* 참새과를 Ploceidae로 쓰기도 합니다.

아프리카에 분포하는 참새 중에는 사바나 같은 초원에 사는 종이 많고, 이들은 큰 무리를 이루고 식물 씨앗을 먹습니다. 이 가운데 일부는 유라시아에 진출해 사바나와 다른 초원 및 농경지에서 먹이를 찾으며 사람 사는 마을 부근에 정착했습니다. 아프리카, 유라시아에 사는 참새속 15종 가운데 10종이 마을 주변에 살며, 그중에서도 특히 사람 가까이에서 생활하는 종은 아시아에서는 참새, 유럽에서는 집참새, 아프리카에서는 회색머리참새(*Passer griseus*) 3종입니다. 그러나 마을 인근에 사는 10종 가운데 같은 지역에서 2종이 함께 사는 경우는 세계 어디에서도 찾아볼 수 없지요. 우리나라에는 참새와 섬참새 2종만 살고 있었으나, 2006년 5월 18일 흑산도에서 집참새가 발견되면서 지금까지 3종이 기록되었답니다(국립공원연구원 2006).

참새 학명은 '산 참새', 영명은 '숲 참새'라는 뜻입니다. 유라시아 대륙 동서로 넓게 퍼져 살지요. 우리나라에서는 이 종이 마을 주변에 살지만 유럽에서는 학명과 영명이 뜻하는 것처럼 마을이 아닌 산과 숲에서 주로 생활합니다. 유럽 참새 가운데 마을 인근에 사는 종은 집참새로, 학명과 영명 모두 '집에 사는 참새'라는 뜻입니다.

유럽에서 참새 말고 집참새가 마을 주변에 많은 것은 크기 때문인 것 같아요. 집참새 크기는 15cm이고 평균 체중은 28.5g이며, 참새는 이보다 약간 작은 14cm 정도에 22g입니다. 즉 덩치가 크고 힘이 센 집참새가 둥지를 틀기 좋고 먹이를 쉽게 구할 수 있는 등 장점이 많은 마을 주변에서, 참새는 마을에서 떨어진 산과 숲에서 생활하게 된 셈

▌세계 참새 목록

학명	영명	국내 서식 및 기록	서식지
Passer griseus	Grey-headed Sparrow		세네갈, 토고, 카메룬, 우간다, 수단 등
Passer luteus	Gold Sparrow		수단 북부, 아라비아 반도 남서부 등
Passer eminibey	Chestnut Sparrow		우간다 북부, 케냐 북부 등
Passer melanurus	Cape Sparrow		나미비아, 남아프리카공화국 등
Passer motitensis	Rufous Sparrow		앙골라 남부, 수단, 케냐, 짐바브웨 등
Passer castanopterus	Somali Sparrow		소말리아, 케냐 등
Passer simplex	Desert Sparrow		수단, 사하라 사막 등
Passer domesticus	House Sparrow	집참새(1회 기록)	전 세계
Passer hispaniolensis	Willow(Spanish) Sparrow		스페인 남부, 이탈리아 등
Passer moabiticus	Dead Sea Sparrow		아프카니스탄, 이란 동남부 등
Passer pyrrhonotus	Sind Jungle Sparrow		이란 동부, 인도 등
Passer flaveolus	Pegu Sparrow		미얀마, 태국, 베트남, 라오스 등
Passer rutilans	Russet Sparrow	섬참새(서식)	한국, 일본, 중국 등
Passer montanus	Tree Sparrow	참새(서식)	유럽, 아시아 남부
Passer ammodendri	Saxaul Sparrow		투르키스탄, 우즈베키스탄, 카자흐스탄, 중국 북부, 몽골 등

집참새

원래 서식하던 지역
도입한 지역

집참새 분포도

참새

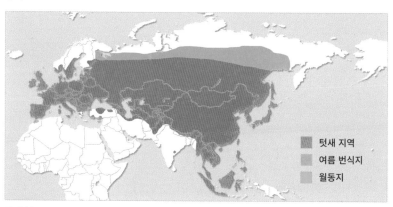

텃새 지역
여름 번식지
월동지

참새 분포도

익숙한 듯 낯선 이웃   **19**

섬참새

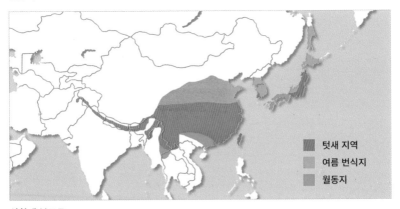

섬참새 분포도

텃새 지역
여름 번식지
월동지

이지요. 참고로 섬참새는 참새보다 약간 작은 13cm 정도이며 평균 몸무게는 20.3g입니다.

섬참새 학명은 '붉은 참새', 영명은 '적갈색 참새'라는 뜻이며 모두 깃털 색깔에서 비롯했어요. 우리나라 이름이 섬참새인 것은 주요 서식지가 울릉도 같은 섬이기 때문인 듯합니다.

강한 새가
마을을 차지합니다

Summers-Smith (1988)에 따르면 영국 서부 섬에서는 19세기 말까지 참새가 마을 근처에 살았으나 집참새가 침입하면서 사라졌습니다. 다른 유럽 지역에서도 원래는 마을 주변에 참새가 살았으나 지난 200년 동안 집참새가 들어오면서 살아가는 환경이 바뀌었지요.

1850년, 미국 뉴욕 시는 시가지 정원 해충을 없애고자 영국에서 들여온 집참새 8쌍을 방사했습니다. 다음해에는 보스턴, 뉴햄프셔, 포틀랜드 등에서 집참새를 풀어놓았고, 1880년에 이르러서는 집참새가 미국 전역으로 퍼졌습니다. 미국 외에 아르헨티나, 호주, 뉴질랜드 등에도 집참새가 퍼졌고, 유라시아 대륙에서도 시베리아 개발과 함께 집참새 분포 지역이 동쪽으로 더 넓어졌습니다.

마을에서 무리 지어 사는 참새

1870년, 집참새와 별개로 참새도 유럽에서 미국으로 들여왔어요. 그런데 참새는 일시적으로 정착하는 듯했으나 집참새와 경쟁에서 지면서 모습을 감췄습니다.

이와 달리 우리나라 마을 주변에는 오로지 참새만 살며, 동부 해안 지역 및 울릉도에는 번식하고자 찾아오는 섬참새가 삽니다. 섬참새는 우리나라를 비롯해 아프카니스탄 북부부터 라오스, 미얀마 북부, 중국, 대만, 일본 등에 분포합니다. 일본에서 섬참새는 주로 산림 지역에서 살면서 나무 구멍에 둥지를 틀지만, 대만이나 히말라야 고지대처럼 참새가 살지 않는 지역에서는 마을 주변에 살아요. 이런 현상으로 볼 때 참새속은 기본적으로 마을을 좋아하지만 경쟁에서 이긴 종만이 마을 주변을 차지하는 듯합니다.

만약 집참새가 우리나라에서도 점점 분포 지역을 넓힌다면 마을 주변에 살던 참새는 마을에서 밀려나 산이나 숲에서 살아가게 될 거예요. 그렇다면 섬참새는 또 어디로 가야 할까요?

섬참새는 우리나라에서는 울릉도 같은 섬에 살지만,
대만이나 히말라야 등지에서는 마을 근처에 삽니다.

가까이,
더 사람 가까이

참새는 사람과 가까운 곳에 살며, 완전한 산림 지역에서는 관찰되지 않습니다(藤卷, 1996). 해발고도가 1,000m 이상이어도 사람이 사는 지역이라면 참새는 살아갑니다. 본래 사람이 살지 않던 해발고도 1,400m 지역이 관광지로 개발되면서 숙박 시설, 상점 등이 들어서자 참새도 살기 시작했다는 보고가 있습니다.

반대 사례도 있습니다. 일본 나가노 현 산간 지역은 원래 참새가 많이 살던 곳이었는데 사람 수가 줄자 점차 참새 수도 줄어들었고, 완전히 사람이 살지 않게 되자 참새도 아예 모습을 감췄습니다. 사람이 살지 않으면 참새도 살지 않는다고 해도 지나친 말이 아니지요.

이는 다른 새나 동물이 살아가는 모습과는 정반대입니다. 예를 들어 까치, 까마귀, 매, 족제비, 뱀 등은 사람이 사는 곳을 싫어합니다. 그들에게 사람은 천적이기 때문입니다. 이것이 바로 참새가 사람 곁에서 살아가는 이유입니다. 이들은 참새 천적이므로 사람 곁에 살면 이들로부터 몸을 지킬 수 있기 때문입니다. 1차(직접) 천적을 피해 훨씬

집 처마에 둥지 트는 것을 좋아해요.

무서운 천적인 사람 밑으로 숨어든 것이지요.

마을 주변에는 둥지를 틀 수 있는 장소가 많은 것도 장점입니다. 참새
속은 처마 밑이나 건축물 틈 등에 마른풀 같은 재료를 써서 둥지를 틉

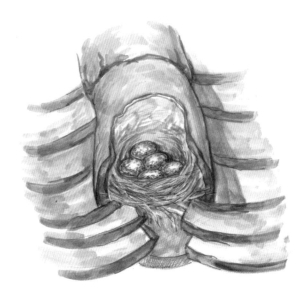

기와지붕 틈도
참새가 둥지를 틀기
좋은 곳이에요.

니다. 특히 집참새는 이러한 습성이 더욱 뚜렷해 마을에서 떨어져 번
식하는 일이 거의 없습니다. 먹이를 쉽게 구할 수 있다는 것도 참새가
사람 가까이 살아가는 이유입니다. 마을 주변에는 참새 먹이인 벼와
보리 등이 자라는 논밭이 많기 때문이지요.

'사람 사는 곳'을 농경지와 주택가로 구분했을 때 참새 평균 서식 밀도
는 100ha당 농경지가 14.2마리, 주택가가 452.7마리입니다. 주택가 서
식 밀도가 농경지에 비해 월등히 높은 것은, 주택가 주변은 번식지와
휴식지로 삼으며 오래 머물지만 농경지는 주로 먹이를 찾을 때만 찾
기 때문입니다. 참고로 우리나라에서 참새 서식 밀도가 가장 높은 지
역은 경기도로 100ha당 387.2마리가 살며, 가장 낮은 지역은 경상남
도로 51.2마리가 삽니다.

한편 이러한 점들을 들어 참새는 인간과 공생 관계라고도 말할 수 있 겠지만, 참새를 사육하는 일은 매우 어렵습니다. 아무리 사람과 가까이 살아간다고 해도 경계심이 매우 강하기 때문에 사육을 통한 번식은 거의 불가능합니다.

논은 참새에게 좋은 먹이터입니다.

작은 새로
살아간다는 것

짝을 만나
둥지를 틉니다

번식기가 가까워지면 여기저기서 참새 짝짓기 행동을 관찰할 수 있습니다. 그러나 참새는 암수 색이 같아 유심히 살피지 않으면 수컷끼리 싸우는 것인지 짝짓기 행동인지를 구별하기 어렵습니다. 이 둘을 구별하려면 참새 생김새의 가장 큰 특징인 뺨에 있는 검은색 반점을 어떻게 이용하는지 보면 됩니다. 번식기에 수컷은 암컷에게 검은색 반점을 보이며 과시 행동(display)을 하기 때문이지요. 암컷이 수컷의 과시 행동을 받아들이면 수컷은 암컷과 짝짓기를 시도하지만, 암컷이 받아들이지 않으면 실패로 끝납니다. 일단 짝짓기에 성공하면 둥지를 틀고 알을 낳는 기간 동안 하루에 몇 번씩 반복해서 짝짓기가 이루어집니다. 빠른 개체라면 아직 눈이 남아 있는 2월 하순부터 둥지를 틀기 시작합니다.

이 시기에 참새 수컷은 자기 영역을 지키고자 세력권(breeding territory)을 만듭니다. 이는 다른 새도 마찬가지이며, 자기 세력권을 주위에 알려 다른 수컷이 침입하지 못하게 합니다. 번식기 세력권은 은신처나 수컷이 암컷을 유인하는 곳일 뿐만 아니라 둥지 재료나 새끼 먹이를

번식기에 수컷은 암컷에게 구애하고자 과시 행동을 보이고,
이를 암컷이 받아들이면 짝짓기를 합니다.

구하는 장소이기도 합니다. 또한 다른 수컷에게서 둥지(새끼)를 보호
하는 역할도 하지요.

수컷은 세력권을 만들 때 매우 호전적이며, 행동 유형으로는 위협 행
동, 물리적 접촉, 유화적 행동, 추적 비행, 발성 등이 있습니다. 나이(경
험)가 많은 수컷이 젊은 수컷보다 공격성이 강해 좋은 자리에 세력권
을 갖습니다.

참새 둥지는 안지름 10cm 정도인 반구형으로, 대개 짚 같은 마른풀
이나 깃털로 짓습니다. 둥지 트는 장소는 사람 사는 집 지붕 및 벽

둥지 재료로 깃털이나 짚 등을 씁니다.

틈, 나무 구멍, 딱다구리가 살던 둥지, 인공 새집 등입니다. 이 가운데
는 위생 조건이 좋지 않고 빛이 부족한 곳도 많습니다. 참새가 열악
한 환경을 극복하고자 어떤 적응 행동을 보였으리라 추정하고 조사
한 결과, 참새 둥지 속에는 산쑥, 사철쑥, 댑싸리, 갯는쟁이, 귀룽나무,
개살구나무, 복숭아나무, 삼, 들깨 등의 어린잎이 깔려 있었습니다.
이런 식물 잎은 둥지에서 새끼에 기생하는 벼룩과 진드기 등을 쫓고,
새끼 피부에 병원성 미생물이 침입하는 것을 막는 데 도움이 됩니다.
둥지 재료는 약 1개월간 나르며, 도중에 갑자기 날씨가 추워지면 잠
시 멈추기도 합니다.

영국에서는 대부분 인공 새집에 둥지를 트는 것으로 나타났습니다.
물론 사람 사는 집이나 벽에 둥지를 트는 경우도 있으며, 우리나라와
달리 나뭇가지 및 나무 밑동에 둥지를 트는 개체도 확인되었습니다.
유고슬로비아에서도 인공 새집에 가장 많이 둥지를 틀었고, 그 다음
으로 집이었습니다. 절벽, 건초 더미에 둥지를 트는 개체도 있으며, 영
국보다는 나뭇가지와 나무 밑동에 둥지를 트는 개체가 많았습니다.
불가리아에서는 집에 둥지를 트는 개체가 가장 많았고, 우편함, 우물,
다리 밑, 철탑 등에도 둥지를 틀었습니다. 영국, 유고슬로비아보다 나
뭇가지, 나무 밑동처럼 개방된 둥지를 이용하는 비율은 낮았습니다.
영국, 유고슬로비아, 불가리아에서 모두 약 90% 이상이 개방된 장소
보다는 구멍을 이용하는 것으로 나타났습니다.

둥지 틀기

▌ 국가별 둥지 트는 곳

둥지 위치		국가	런던, 영국 (Sage, 1962)		영국 (Seel, 1964)		보이보디나, 유고슬로비아 (Szlivka, 1981~1983)		불가리아 (Nankinov, 1984)	
			개수	%	개수	%	개수	%	개수	%
구멍 둥지	사람 주변 구조물	집	2	0.4	28	2.6	393	31.4	629	34.7
		벽	40	7.9	64	5.9				
		우물					8	0.6	32	1.8
		우편함							360	19.9
		다리 밑							79	4.4
		철탑	3	0.6					88	4.9
		표지판							7	0.4
		비둘기장			12	1.1	12	1.0		
	사람 주변 구조물 합계(%)			8.9		9.6		33.0		66.1
	인공 새집		423	83.6	918	84.6	403	32.2	200	11.0
	절벽				5	0.5	215	17.2	258	14.2
	건초 더미						59	4.7	13	0.7
	제비 둥지								53	2.9
구멍 둥지 합계(%)				92.5		94.7		87.1		94.9
개방된 둥지	나뭇가지		37	7.3	38	3.5	99	7.9	52	2.9
	나무 밑동		1	0.2	17	1.6	64	5.1	42	2.3
기타					3	0.3				
전체 둥지 합계(개수)			506		1,085		1,253		1,813	

알을 낳고
품습니다

둥지가 완성되면 알을 낳기 시작합니다. 참새 알은 긴 쪽이 2cm, 짧은 쪽이 1.4cm 정도로 메추리알보다 작으며, 흰색 바탕에 갈색 반점이 있는 것부터 갈색 바탕에 검은색 반점이 있는 것 등 다양합니다. 마지막으로 낳은 알을 중지란(stop egg)이라고 하며, 중지란은 앞서 낳은 알들과는 색깔이 약간 다릅니다. 중지란을 낳고 나면 어미 새는 알을 품기 시작하지요.

알을 낳는 개수는 위도에 따라 다릅니다. 위도가 높은 지역에서는 하루에 하나씩 5일 동안 5개 정도를 낳지만, 낮은 지역에서는 보통 3~4

참새 알. 가장 오른쪽에 있는 알이 마지막으로 낳은 중지란이에요.

위도에 따른 한배산란수 변화

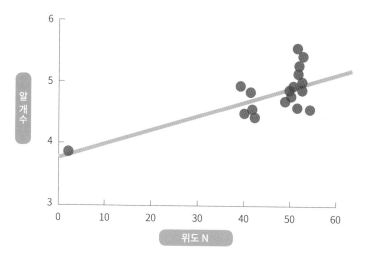

『The Tree Sparrow』 (Summers-Smith, 1995) 참고 재작성

위도에 따른 산란 시기 변화

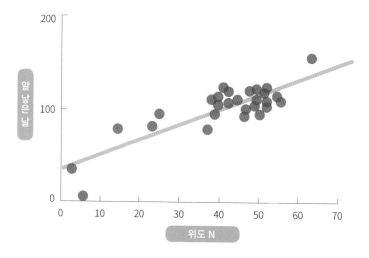

『The Tree Sparrow』 (Summers-Smith, 1995) 참고 재작성

개를 낳습니다. 종에 따라 산란수에 영향을 미치는 조건이 달라지기도 합니다. 예를 들어 노래참새(Song Sparrow)의 한배산란수는 나이(젊은 어미는 첫 번식기에 알을 적게 낳습니다), 기후(추위는 한배산란수를 줄입니다), 번식 시기(첫 번째 번식기에는 알을 많이 낳지만 두 번째에는 적게 낳습니다) 등에 따라 달라집니다(Nice, 1943). 일반적으로 한 종의 한배산란수가 많으면 많을수록 변이도 큽니다.

알을 낳는 시기도 위도에 따라 다릅니다. 위도가 낮은 국가에서는 1월부터, 높은 국가에서는 3월 이후에 알을 낳습니다. 이런 경향은 체온유지를 위한 기온, 번식에 필요한 먹이원과 밀접한 관계가 있는 것으로 보입니다.

어미 새가 낳은 알을 체온으로 따뜻하게 품는 행동을 포란이라고 합니다. 어미 새는 알을 모두 낳을 때까지는 먼저 낳은 알을 품지 않습니다. 앞서 낳은 알을 바로 품으면 이 알이 먼저 부화해서 나중 낳은 알을 깨 버리거나, 일찍 부화한 새끼가 먹이를 독차지해 늦게 부화한 새끼 먹이가 부족해질 수 있기 때문이지요. 그래서 어미 새는 새끼가 동시에 부화하고 자랄 수 있도록 알을 모두 낳은 다음 한 번에 품습니다. 알을 품는 기간은 국가별로 약간 차이가 나지만 보통 11~13일입니다.

참새를 비롯한 작은 새 대부분은 알을 품을 때 어미 새 배의 깃털이 빠집니다. 이것을 포란반(incubation patches)이라고 합니다. 깃털이 있으면 체온이 알에 바로 전달되기 어렵기 때문이지요. 포란반은 어미

포란

참새 포란반

박새 포란반(참고)

가 첫 번째 알을 낳기 일주일 전부터 나타나 새끼에게 먹이를 날라 주는 시기 초기까지 지속됩니다. 포란반 때 빠진 깃털은 겨울 털갈이 때 다시 자랍니다.

▌국가별 포란 기간

조사 국가	표본 수 (마리)	범위(일)	평균(일)	참고문헌
루마니아		10~11		Catuneanu & Theiss (1965)
벨기에	17	11~13	11.9	Bethune, 1961
스위스		11~13		Steffen, 1962
독일		11~13		Eisenhut & Lutz (1936)
		12~14		Groebbels *et al.*, 1936
		13~14		Niethammer, 1937
	10	11~12		Deckert, 1962
		11~14	12.8	Scherner, 1972
		10~14	12.9	Hannover, 1989
영국		12~14		Witherby *et al.*, 1938~41
	59		11.5	Seel, 1968
스페인	478		12.3	Sanchez-Aguada, 1985
러시아		11~12		Dementiev *et al.*, 1954
중국		10~12	11	Chia *et al.*, 1963
일본	35	11~14	11.8	Abe, 1969
미국	35	10~15	11.6	Anderson, 1978

새끼를
키웁니다

부화 직후 새끼 몸무게는 2g 정도이며, 부화 후 2일부터 10일까지 매일 약 2g씩 늘어납니다. 갓 부화한 새끼는 깃털이 없어 체온을 유지할수 없으므로 어미 새가 품어 주지 않으면 추위를 견디지 못해 죽고 맙니다. 부화하고 일주일이 지나면 새끼도 스스로 체온을 유지할 수 있기 때문에 어미 새는 기온이 낮아지는 밤에도 새끼를 품지 않습니다.

참새는 봄부터 새끼를 키우기 시작합니다. 새끼 주요 먹이인 곤충이 경칩(보통 3월 5, 6일) 무렵부터 활동하기 때문입니다. 이때부터 부모 새는 새끼 먹이를 찾으러 가거나 배설물을 나르는 등 매우 바쁜 나날을 보냅니다. 먹이 나르는 횟수는 암수 모두 합쳐서 부화 후 1일째는 88회, 2일째는 141회, 10일째는 400회 정도에 이르지요.

새끼 먹이로는 나비나 나방 애벌레를 많이 먹이지만 둥지 주변 환경에 따라 종류는 달라집니다. 둥지가 하천 근처에 있으면 날도래 같은 수서곤충을, 논밭 주위에 있으면 메뚜기 같은 곤충을 잡아다 먹입니다. 새끼에게 주로 곤충을 먹이는 까닭은 새끼를 빨리 키우기 위해서

새끼 주요 먹이인 곤충이 많이 움직이기 시작하는 봄부터 새끼를 키웁니다.

새끼를 키울 때 부모 새는 먹이를 잡아다 나르느라 분주합니다.

새끼 근육과 뼈를 단단하게 하려면
고단백질 먹이인 곤충이 꼭 필요합니다.

지요. 사람 몸과 마찬가지로 참새 몸을 구성하는 기본 요소에도 근육과 뼈를 만드는 단백질이 있습니다. 새끼의 근육과 뼈를 단단하게 하려면 고단백질 먹이, 즉 곤충이 꼭 필요합니다. 새끼가 어느 정도 자라면 곤충뿐만 아니라 식물 씨앗도 먹입니다. 식물이 자라는 데 필요한 영양분이 다른 부분보다 씨앗에 많이 들어 있기 때문입니다.

▌ 국가별 참새 새끼 먹이

분석 방법	국가	조사 기간(년)	표본 수 (마리)	동물질 (%)	식물질 (%)	참고문헌
경륜법* 기준	독일	1	197	98.4	1.0	Dornbusch, 1973
	폴란드	2	1,228	94.5	5.5	Graczyk & Michocki (1975)
	폴란드	3	744	98.1	1.9	Wieloch, 1975
	미국	1	751	98.9	1.1	Anderson, 1978
	슬로바키아	3	1,904	96.5	4.5	Kristin, 1984
	슬로바키아	3	5,081	95.0	5.0	Kristin, 1984
	헝가리	2	1,869	98.9	1.1	Torok, 1990
건중량** 기준	폴란드	3	744	94.8	5.2	Wieloch, 1975
	미국	1	781	82.3	16.1	Anderson, 1978
	폴란드	1	582	87.6	12.2	Anderson, 1984
위 내용물 양	일본	2(봄)	342	47.0	33.0	Abe, 1969
	일본	2(여름)	324	81.0	19.0	Abe, 1969

* **경륜법(頸輪法, collar method)**: 새끼가 먹은 생물을 직접 확인하는 방법으로 가느다란 줄로 새끼 목을 살짝 조여서 먹이를 삼키지 못하게 한 뒤에 꺼내 살핍니다.

** **건중량**: 수분을 뺀 생물 무게를 뜻합니다.

국가별로 살펴보면 대부분 식물질보다는 동물질 먹이를 새끼에게 먹이는 것으로 나타났습니다. 계절에 따른 차이를 보면, 봄철에는 동물질과 식물질 먹이를 비슷한 비율로 먹이지만 활발한 번식 시기인 여름철에는 대부분 동물질 먹이를 먹이는 것으로 확인되었습니다.

참고로 어른 참새는 식물 씨앗을 주로 먹으며(seed-eater), 특히 곡류를 좋아합니다. 물론 동물성 먹이도 먹습니다. 나비목(40%)을 가장 많이 먹으며, 이어서 딱정벌레목과 집게벌레목, 메뚜기목(각각 15%)을 비슷하게 먹고, 그 다음으로 잠자리목(5%), 기타(10%)로 조사되었습니다.

▌ 월별 참새 먹이(1,200마리 조사 기준)

월별 \ 종류	곡류(개)	잡초 씨앗(개)	동물질(개)	합계
1	15,350	6,550	130	22,030
2	11,200	4,280	250	15,730
3	11,250	9,550	500	21,300
4	17,600	0	820	18,420
5	2,990	2,700	4,850	10,540
6	1,190	5,020	3,850	10,060
7	1,740	4,760	1,850	8,350
8	8,450	10,000	1,450	19,900
9	4,730	17,350	2,890	24,970
10	6,520	4,680	230	11,430
11	8,820	11,600	350	20,770
12	15,160	17,700	450	33,310

❚ 참새 주요 먹이 백분율(원과 이, 1968)

월별 \ 종류	곡류(%)	잡초 씨앗(%)	동물질(%)
1	69.5	29.8	0.7
2	71.0	27.1	1.9
3	52.8	44.8	2.4
4	95.5	0	4.5
5	28.4	25.7	45.9
6	12.7	49.2	38.1
7	20.8	57.0	22.2
8	42.5	50.2	7.3
9	19.4	69.3	11.3
10	57.0	40.8	2.2
11	42.4	55.8	1.8
12	45.5	53.1	1.4
평균	46.5	41.9	11.6

주택 밀집 지역에 사는 집참새와 참새는 가정에서 배출하는 음식물 쓰레기 같은 비자연적인 먹이도 먹습니다. 우리나라 연구 결과에 따르면 곡류는 12월부터 다음해 4월까지 많이 먹으며, 잡초 씨앗은 8월부터 12월 사이에 많이 먹는 것으로 나타났습니다. 동물성 먹이는 5월부터 9월 사이에 주로 먹습니다.

부화하고서 2주가 되면 새끼는 어미 새와 거의 비슷한 크기로 자라고 곧 둥지를 떠납니다. 이 시기에 가까워지면 어미 새는 새끼가 빨리 둥지를 떠날 수 있도록 먹이 나르는 횟수를 줄이거나 둥지 앞까지만 먹이를 가져다줍니다. 새끼는 둥지를 떠나고서도 일주일 정도는 어미 새를 따라다니거나 어미 새가 주는 먹이를 받아먹으며 먹이 구하는 방법, 천적 피하는 방법을 배웁니다. 이 무렵에는 어미 뒤를 따라다니며 노란 부리를 크게 벌리고 날개를 떨면서 먹이를 달라고 조르는 어린 참새를 볼 수 있지요.

어미 품을 떠난 어린 참새들은 자기들끼리 무리 지어 움직입니다. 무리로 있으면 혼자 있을 때보다 맹금류 같은 천적이 접근하는 것을 빨리 알아차릴 수 있고 먹이도 더욱 쉽게 찾을 수 있습니다. 그러나 아무래도 어리다 보니 비상 상황에 대처하는 능력이 떨어지므로 천적에게 잡아먹히거나 자동차에 치여 죽는 일도 많습니다.

새끼는 둥지를 떠나고서도 일주일 정도는 어미 새가 주는 먹이를 받아먹어요.

▌ 참새 성장 과정

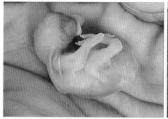

태어난 지 1일째

태어난 지 3일째

태어난 지 6일째

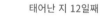

태어난 지 9일째

태어난 지 12일째

태어난 지 14일째

태어난 지 16일째

새끼가 부화해서 둥지를 떠날 때까지 걸리는 기간은 국가별로 조금씩 차이는 나지만 보통 2주 안팎이었습니다. 가장 짧은 곳은 루마니아로 13일, 가장 긴 곳은 독일로 15.4일이었습니다.

첫 번째 새끼가 완전히 둥지를 떠나면 어미 새는 보통 같은 곳에 다시 둥지를 틀고서 알을 낳고 새끼를 키웁니다. 대개 이 과정을 1년에 2~3회 거듭합니다.

▌ 국가별 새끼 키우는 기간

조사 국가	표본 수 (마리)	범위(일)	평균(일)	참고문헌
루마니아			13	Catuneanu & Theiss (1965)
벨기에	9	12~17.5	14.5	Bethune, 1961
스위스		13~15		Steffen, 1960
독일		16~17		Heinroth & Heinroth, 1926
		14~16		Groebbels et al., 1936
		12~13		Niethammer, 1936
		13~16		Eisenhut & Lutz (1936)
		13~14		Creutz, 1949
	82	12~17	15.4	Scherner, 1972
		12~19		Bauer, 1975
	3	15~19		Hannover, 1989
영국		12~14		Witherby et al., 1938~41
미국	15		14.0	Anderson, 1978

어미 새가 낳고 품은 알이 부화할 확률을 부화율, 부화한 새끼가 무사히 둥지를 떠날 확률을 육추율이라고 합니다. 두 과정 전체가 성공할 확률을 번식성공률이라고 합니다. 국가별 부화율 평균은 78.1%이며, 육추율 평균도 엇비슷한 80%로 나타났습니다. 번식성공률은 국가, 지역별로 약간 차이는 나지만 보통 60% 이상이었습니다. 번식성공률에 영향을 미치는 요인으로는 어미 새의 번식 경험(나이), 주변 환경 상태, 기상 조건 등이 있습니다.

국가별 번식성공률

국가(조사 지역)	위도	조사 연수	알		
			개수	부화 성공	부화율 (%)
미국(미주리)	38°55′N	5	1,030	736	71.5
중국(전역)					85.0
중국(베이징)	39°55′N	1	890	820	92.1
스페인(마드리드)	40°39′N	2	281	170	60.5
스페인(바로셀로나)	41°18′N	2	447		
일본(삿포로)	43°05′N	2	1,165	1,087	93.3
체코(전역)	49°01′N	2	1,202	1,065	88.6
폴란드(뉴타지)	49°28′N	4	269	244	90.7
벨기에(마르케)	50°48′N	10	848	488	57.5
독일(드레스덴)	51°03′N	8	855	514	60.1
독일(프라이부르크)	51°13′N	7	629	588	93.5
독일(코바크, Korbach)	51°16′N	28			77.6
영국(옥스포드)	51°46′N	3	1,173	1,065	90.8
영국(허츠, Herts)	52°00′N	1	212		
독일(로텐어스, Rottenai)	52°00′N	3	1299		
폴란드(디젠칸노프, Dziekanów)	52°20′N	9	8,567	6,661	77.8
폴란드(지펜, Rzepin)	52°21′N	1	258	198	76.8
폴란드(트루, Turew)	52°25′N	1	474	287	60.5
독일(볼프스부르크)	52°27′N	2	1,285	796	61.9
영국(그레이트브리튼)	52°00′N		2,180	1,918	88.0
폴란드(바르비어와이즈, Barbiewice)	54°37′N	1	374	135	36.1
합계					78.1

새끼			번식 성공률 (%)	참고문헌
마리 수	이소 성공	육추율 (%)		
709	513	70.4	51.8	Anderson, 1978
				chia *et al.*, 1963
820	662	80.7	74.4	Ruan & Zheng, 1991
170	125	73.5	44.5	Veiga, 1990
	287		64.2	Corderom & Salaet, 1990
210	184	87.5	85.9	Abe, 1969
588	375	63.8	56.5	Balat, 1971
244	201	82.3	74.7	Mackowicz *et al.*, 1970
488	428	87.7	50.5	Bethune, 1961
514	379	73.7	44.3	Creutz, 1949
588	585	99.5	93.0	Schonfeld & Brauer, 1972
			58.0	Hannover, 1989
781	457	58.5	53.1	Seel, 1970
	183		86.3	Gladwin & Sage, 1986
	1061		81.7	Katz & Oldberg, 1975
6,661	5,715	85.7	66.7	Pinoski, 1968
198	149	75.3	57.8	Mackowicz *et al.*, 1970
287	190	66.2	40.1	Wieloch & Fryska, 1975
796	687	86.3	53.5	Scherner, 1972
1,210	781	64.5	56.8	Seel, 1964
135	85	63.0	22.7	Wieloch & Fryska, 1975
		80.0	62.5	

먹고살 곳을 찾아
이동합니다

참새는 언뜻 1년 내내 사람 사는 곳 주변에서 생활하는 것처럼 보이지만 벼를 수확하는 가을철에는 큰 무리를 지어 먹이가 풍성한 농경지로 이동합니다. 그래서 이 무렵 도심이나 주택가 부근에서는 참새 수가 급격히 줄어듭니다. 이때 농경지로 모여드는 참새 대부분은 그해에 태어난 어린 새입니다. 낮에는 논 이쪽저쪽을 날아다니며 볍씨를 먹고 밤에는 논 근처 풀숲이나 갈대숲에서 잠잡니다.

가을에 어린 참새가 농경지로 이동하는 것은 추운 겨울을 무사히 넘길 수 있도록 잘 익은 벼를 먹으면서 몸을 만들기 위해서입니다. 이 시기에 참새가 통통해지는 이유지요. 그러다 추수가 끝나는 늦가을이면 농촌에서 자취를 감춥니다. 이즈음 추위를 견디지 못하거나* 사고를 당해 죽는 경우가 많아 개체수가 줄어서이기도 하지만 살아남

---

* 사람과 마찬가지로 새 또한 바깥 온도가 너무 낮은 탓에 체온을 유지할 수 없으면 몸 여러 기관이 제 기능을 다하지 못해 죽음에 이를 수 있습니다. 그렇기에 몸 크기가 작은 참새, 더욱이 어린 참새는 추위에 매우 취약할 수밖에 없지요.

논 근처 풀숲이나 갈대숲은 참새들의 쉼터입니다.

참새 이동 거리를 측정하고자 부착한 가락지(밴딩)

은 어린 참새는 새로이 정착할 곳을 찾아 먼 길을 떠나기 때문이기도 합니다.

참새속은 일부 종을 제외하고는 대개 계절에 따라 이동하지 않는 텃새입니다. 특히 집참새는 분포 지역이 광범위한데도 행동권은 좁습니다. 해발고도가 높은 지역에서 사는 경우, 겨울철에는 근처에 있는 닭 사육장에 들어가서 추위를 피하기도 하지요. 그러나 그해에 태어난 어린 참새는 정착할 장소를 찾고자 수백 킬로미터를 이동하기도 합니다. 일본 조사 결과에 따르면 최장 396km를 이동한 개체도 있습니다.

짹짹,
작은 새의 언어

소리는 어둡거나 빛이 적어 눈(시각)으로는 주변 상황을 잘 가늠할 수 없는 환경에서 요긴합니다. 새가 주로 사는 울창한 숲이 바로 그런 환경 가운데 하나지요.

새는 저마다 사회, 물리 환경에 맞게끔 음성 신호를 발달시키며, 음성 신호는 3가지 측면에서 살펴볼 수 있습니다. 첫째, 침입자에게서 세력권을 지키는 1차 수단으로 씁니다. 음성 신호를 주고받으면 서로에게 불리한 직접 싸움을 어느 정도 피할 수 있습니다. 둘째, 특히 예민해지는 번식기에 둥지에서 친족 또는 같은 종을 인식하는 수단으로 씁니다. 집단 번식을 하는 새는 시각보다는 청각으로 친족을 구별합니다. 셋째, 수컷이 짝짓기할 암컷을 유인하는 데 씁니다. 다양한 소리를 낼 수 있는 수컷이 암컷에게 선택받을 확률이 높아집니다.

새는 '명관'이라는 기관을 통해 폐로 들어온 공기를 밖으로 내보내면서 소리를 냅니다. 참새를 비롯해 노래하는 새 무리인 명금류(song bird)는 비명금류에 비해 명관 구조가 복잡하고 명관에 근육도 있습니다.

새소리는 노랫소리(song)와 지저귐(call)으로 나뉩니다. 노랫소리는 길고 복잡하며, 번식기에 수컷이 냅니다. 앞서 이야기했듯이 번식기에 암컷은 수컷 노랫소리를 듣고서 짝을 고르기 때문에 암컷 선택을 받으려면 수컷은 여러 소리로 노래할 줄 알아야 합니다. 수컷은 태어나면서부터 자연스럽게 노래할 수 있지만 다양한 소리를 내려면 부모 새나 이웃 수컷 노랫소리를 따라 부르면서 배워야 합니다.

지저귐은 짧고 단순합니다. 시기에 상관없이 암컷과 수컷이 비행할 때, 적을 위협할 때, 경계할 때 등 다양한 상황에서 내는 소리입니다. 참새 지저귐은 비행 소리(flight call), 경고 소리(warning call), 싸움 소리(competition call), (먹이) 간청 소리(begging call), 뽐냄 소리(advertisement call), 유혹 소리(tempting call), 자극 소리(stimulate call), 놀람 소리(alarm call), 불안 소리(anxiety call), 단체 이야기 소리(social contact call), 이야기 소리(contact call) 등으로 나뉩니다.

아울러 새소리는 구(phrase)와 음절(syllable)로 이루어집니다. 구는 특정 패턴으로 일정하게 나는 소리 단위이고, 음절은 구를 이루는 각 소리 단위를 가리킵니다. 그리고 소리를 내는 일도 에너지를 쓰는 일이기에 새는 필요할 때만 노래하거나 지저귑니다.

새소리 연구는 음성 분석 기록 그래프인 소나그램(sonagram)을 바탕으로 합니다. 사람 귀에는 같은 소리로 들려도 소나그램 결과가 다르게 나타나면 다른 소리로 봅니다. 주파수를 이용하면 개체와 개체, 지역에 따른 무리끼리 노랫소리 차이도 알 수 있습니다.

참새 소리 녹음 작업은 참새가 주로 사는 주택가 주변을 돌아다니며 새소리가 들리는 곳을 찾고, 참새에게 방해되지 않는 선에서 최대한 접근해 진행합니다. 대개 녹음할 때는 테이프레코더(marantz PMD 660)에 마이크로폰(pro 8 stereo DAT parabolic microphone)을 연결해 쓰며, 소리를 분석할 때는 raven pro 1.5 등을 씁니다.

▌참새 소리 소나그램

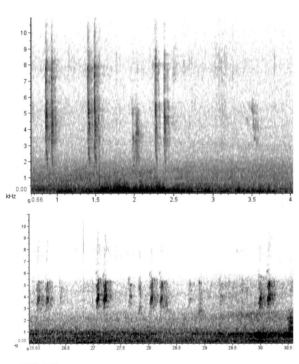

비행 소리

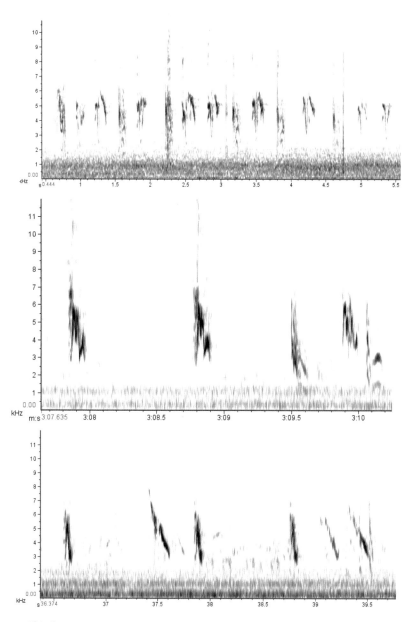

노랫소리

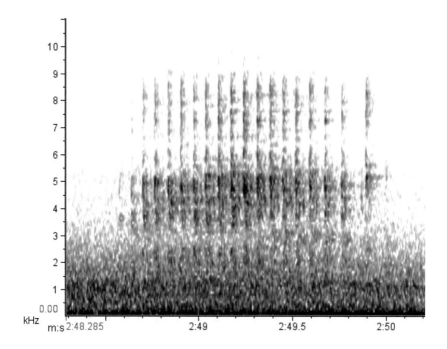

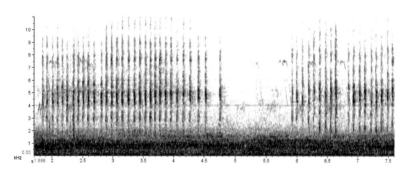

경고 소리

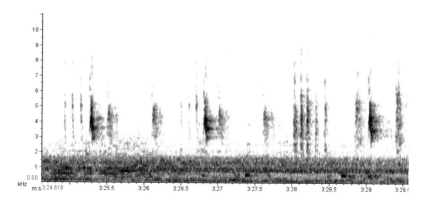

싸움 소리

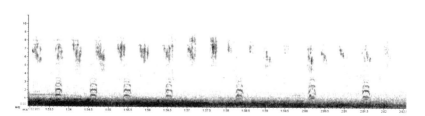

먹이 간청 소리

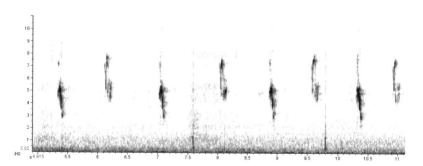

뽐냄 소리

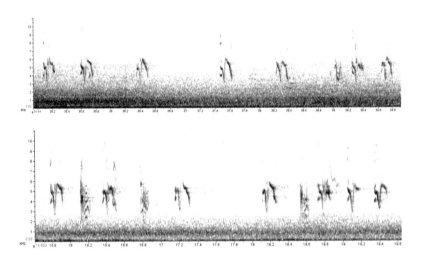

유혹 소리

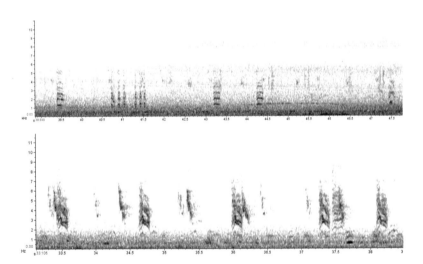

자극 소리

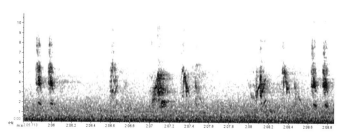

불안 소리

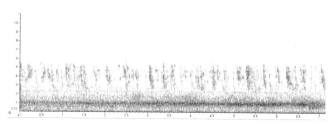

단체 이야기 소리

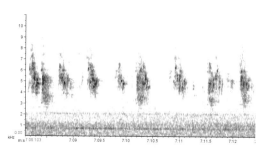

이야기 소리(어미와 새끼)

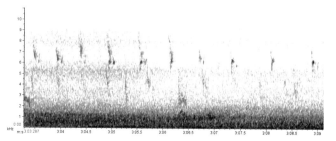

이야기 소리(새끼들)

참새가 없는

풍경?

여전히 흔하다
vs.
줄고 있다

참새는 우리 주변에서 흔히 볼 수 있는 새 가운
데 하나로, 가장 익숙한 이웃이기도 하지요. 그
런데 1990년대 중반부터 참새가 줄어든다는
이야기가 들리기 시작했습니다. 기억을 더듬어
보면 예전에는 참새가 전깃줄에 줄지어 앉은
모습과 가을철 논밭에서 큰 무리를 지어 날아
다니는 모습을 자주 본 것 같은데, 요즘은 쉽게
볼 수 없기는 합니다.

그렇다면 정말 참새가 줄어들었을까요? 혹시
참새가 떼 지어 있던 논밭이 많이 사라져서 덩
달아 참새도 사라졌다고 생각하는 건 아닐까
요? 아니면 무리 지어 다니는 참새 특성상 실제
수와 상관없이 막연히 참새가 많다고 여긴 것
은 아닐까요? 또는 일부 지역에서 줄어든 것이
'참새 감소'라는 화제성 때문에 마치 전체 개체

예전에는 전깃줄에 줄지어 앉은 참새 무리를 자주 볼 수 있었는데 요즘은 그렇지 않지요.

■ 참새 고정 조사 지역

국립생물자원관, 2017

▎ 참새 서식 밀도

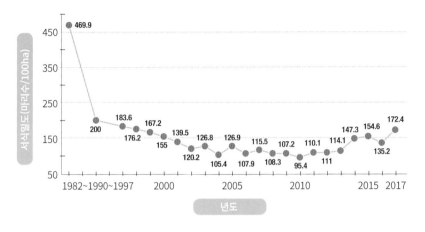

2007년 국립환경과학원 보도자료 및 2017년 「야생동물 실태 조사 보고서」 참고 재작성

수 감소인 것처럼 부풀려진 것은 아닐까요?

이를 정확하게 확인하려면 과거부터 현재까지 우리나라에 사는 참새
가 얼마나 되는지부터 알아야 합니다. 국립환경과학원에서 야생동물
관리 및 수렵 행정에 필요한 자료를 제공할 목적으로 1982년부터 전
국 405개 고정 조사구에서 야생동물 종별 서식 밀도 및 개체군 변동
실태를 조사했습니다. 조사 지역에는 산악지, 구릉지, 농경지, 주택가,
해안지, 소택지 등 다양한 환경이 포함되었습니다.

그 결과, 1970년대까지 식용 목적으로 포획되면서 개체수가 감소했던
참새가 1982년에는 100ha당 약 470마리로 늘었습니다. 그러나 1990

년대에 들어서는 다시 급격히 줄어들며 1990년에는 200마리, 1997년에는 약 184마리로 줄었습니다. 2004년에는 105마리, 2006년에는 108마리 정도였고, 2013년까지 100ha당 100마리 초반 밀도를 유지했습니다. 그러다 2014년 이후부터는 다시 늘어나며 2017년에는 약 172마리로 조사되었습니다.

우리나라 면적은 100,210km²이며 이를 헥타르(ha)로 환산하면 10,021,000ha입니다. 위 결과에 따르면 참새 최소 밀도를 100ha당 100마리로 산정할 때 우리나라에 사는 참새는 약 1,000만 마리입니다. 그리고 증감을 반복하기는 하지만 2000년대를 기준으로 전후를 비교하면 전체 참새 개체수가 줄어든 것은 사실*입니다.

---

* 참새 개체수는 조사하는 계절에 따라 다르게 나타납니다. 예를 들면 새끼가 태어나 자라고 둥지를 떠나는 시기인 봄과 여름에 조사하면 당연히 개체수는 늘어납니다. 반대로 더 이상 새끼가 태어나지 않는 여름부터 겨울 사이에 조사한다면 자연스레 개체수는 줄어들지요. 그러나 여기서 말하는 '전체 참새 개체수가 줄었다'는 것은 오랜 기간에 걸쳐 조사한 개체수 변화 결과를 나타낸 것이므로 계절에 따른 개체수 증감과는 다른 경우입니다.

왜 줄어드는 걸까요?

어린 참새는 둥지를 떠나고도 일주일 정도 어미를 따라다닙니다. 이 시기에 어린 참새 수를 조사하면 대략 새끼 몇 마리가 둥지를 떠났는지 알 수 있습니다.* 어미를 따라다니는 새끼가 많으면 그곳은 새끼 키우기에 좋은 환경, 적으면 나쁜 환경이라는 뜻이지요. 이 차이를 통해 참새가 줄어든 원인을 찾을 수 있습니다. 먼저 이 조사 결과, 도시보다 농촌에서 어미를 따라다니는 새끼 참새가 많았습니다. 아울러 일본 NPO법인 버드 리서치(Bird Research)에서 조사한 결과에서도 어미 참새를 따라다니는 새끼 수는 상업 지역에서 1.41마리, 주택 지역에서 1.81마리, 농촌 지역에서 2.13마리로 나타났습니다.

---

* 참새는 대개 건물 좁은 틈에 둥지를 틀기 때문에 둥지 안을 살피기가 쉽지 않습니다. 내시경 카메라를 이용해도 새끼들이 머리를 숙여 피하거나 둥지 깊숙이 들어가 버리기에 관찰하기가 어렵습니다. 게다가 카메라를 피하려다 자칫 새끼가 둥지 밖으로 떨어지는 일도 있기 때문에 둥지를 떠나 어미를 따라다니는 어린 참새를 관찰하는 편이 낫습니다. 그렇다고 해서 이 방법도 그리 쉽지는 않아요. 어미는 새끼와 함께 있을 때 더욱 경계심이 강해져 접근하기가 어렵기 때문이지요. 멀리 떨어져서 쌍안경으로 관찰해야 하며, 한번 관찰을 시작하면 그 참새 가족에게서 눈을 떼면 안 됩니다.

어미 참새가 둥지로 먹이 나르는 것을 관찰해 보면, 농촌에 사는 참새는 약 1분마다 큰 먹이를 둥지로 나르는 반면 도시 참새는 오랜 시간을 들여서 자그마한 먹이를 많이 모아 둥지로 돌아옵니다. 대부분 토지가 포장된 도시에 비해 그렇지 않은 농촌에서는 참새 먹이인 곤충이나 식물이 잘 자라기 때문입니다. 그러므로 농촌에 사는 참새일수록 질 좋은 먹이를 쉽게 구할 수 있습니다.

이를 바탕으로 도시에 새끼 참새 수가 적은 데에는 먹이 부족이 영향을 미쳤다는 사실을 알 수 있습니다. 새끼에게 먹일 것이 별로 없으

경남 통영에서 구조된 새끼. 이런저런 이유로 새끼가 둥지 밖으로 떨어지는 일이 종종 있습니다.

니 어미 새가 애초부터 새끼 수를 줄였을 수 있고, 부화한 새끼는 제대로 먹지를 못하니 일찍 죽는 일이 많을 것입니다. 또한 무사히 자라 둥지를 떠나더라도 주변에서 먹이를 쉽게 찾을 수 없으니 멀리 돌아다닐 수밖에 없고, 그러다 보면 자연스레 천적에게 노출되거나 사고를 당할 가능성이 큽니다.

이와 더불어 둥지를 잘 틀 수 있는 환경인지 아닌지도 이 결과에 영향을 미쳤으리라 봅니다. 둥지가 안정적이지 않으면 새끼가 잘 자랄 수 없습니다. 농촌에는 참새가 둥지를 틀기에 적합한 구조인 건물과 질 좋은 둥지 재료가 많은 반면 도시는 그렇지 않지요. 예컨대 둥지를 틀 만한 곳이 마땅치 않아 파이프 안에 둥지를 트는 경우가 있습니다. 새끼들이 작을 때는 문제가 없지만 점점 자라면서 공간이 부족해지고, 이 탓에 어미가 뒤쪽에 있는 새끼에게는 먹이를 줄 수 없어 굶어 죽는 새끼가 생기기도 합니다. 또한 최근에는 둥지 재료가 마땅치 않다 보니 비닐을 재료로 삼기도 하는데, 자칫 새끼가 비닐을 먹기라도 하면 이 역시 죽음으로 이어지지요.

경희대학교 생물학과 유정칠 교수 연구팀이 2006년부터 2008년까지 서울시 참새 수를 조사한 결과, 서울 강남역이나 논현동 등지에 사는 참새 수는 100ha당 약 80마리로 앞서 언급한 전국 조사 평균치를 크게 밑돌았습니다. 연구팀은 참새 수가 줄어든 원인으로 먹이원과 서식지 감소를 들었습니다.

포장된 땅이 많은 곳에서는
참새가 곤충이나 씨앗 같은 먹이를 구하기 쉽지 않습니다.

이 모든 내용을 종합해 보면 우리나라에서 참새가 줄어든 이유 가운데 하나는 질 좋은 먹이를 쉽게 구하고, 둥지를 안정적으로 틀 수 있는 환경이 감소했기 때문이라 할 수 있습니다.

우리나라뿐만 아니라 영국에서도 참새가 급격히 줄고 있습니다. 1970년대 영국에는 참새가 1,200만~1,500만 마리 살았는데, 2003년에 조사해 보니 약 600만 마리만 확인되었습니다. 영국 조류학자들은 과거 40년간 자료를 살핀 결과, 환경오염에 따른 참새 서식지 감소, 참새를 잡아먹는 새매와 애완용 고양이 증가 등 여러 요인이 복합적으로 작용해 참새가 급격히 줄었다고 분석했습니다. 특히 급증한 고양이 사육을 가장 큰 원인으로 꼽았습니다. 영국 동부 베드포드셔 주에 있는 어느 농촌에서는 참새의 1/4 정도가 고양이에게서 습격을 받았다고 합니다. 우리나라에서도 애완동물을 키우는 사람들이 많아졌으므로 이 부분에도 관심을 기울여야 할 듯합니다.

그들이 사라진다면

이렇게 참새가 줄어들다가 멸종하는 것은 아닐까요? 누구도 미래 일에 관해서는 명확히 답하지 못하겠지만, 적어도 앞으로 100년 이내에 참새가 멸종할 일은 없으리라 봅니다. 두 가지 이유에서요. 첫째, 참새가 줄었다고는 해도 앞서 조사 결과에서 언급했듯 1,000만 마리 정도면 아직까지는 개체수가 충분한 편입니다. 둘째, 설령 먹이를 잘 구할 수 없고, 둥지를 제대로 틀지 못해 도시에서 참새가 사라지더라도 농촌에서는 살아갈 수 있으리라 보기 때문입니다.

그렇다고 참새 감소가 아무런 문제가 되지 않는다는 뜻은 아닙니다. 여느 생물이 그러하듯 참새가 눈에 띄게 준다면 오랫동안 안정적으로 유지되어 온 생태계에 영향을 미칠 것입니다. 예를 들어 참새가 줄면 참새 먹잇감인 진딧물이 늘어납니다. 진딧물은 식물 잎 등에 붙어 영양분을 빨아 먹기 때문에 진딧물이 많아지면 시들어 죽는 식물도 그만큼 늘어날 거예요. 이는 비단 참새라는 한 종의 감소만을 뜻하는 것이 아니라 식물 잎을 갉아 먹는 애벌레, 이들을 먹고 사는 박새 같은 작은 새, 작은 새를 먹잇감으로 삼는 황조롱이 같은 큰 새로

© 진경순

참새

이어지는 순환 구조, 즉 생태계 균형이 깨지는 것을 뜻합니다.

농촌에서는 참새가 벼나 과일, 채소 농사에 피해를 주는 새로 여겨지기에 참새가 줄면 농업 피해도 줄어들 것이라 생각할 수도 있습니다. 그러나 반대로 농업 피해는 더 커질지 모릅니다. 1923년 일본 야생동물 조사 보고서 가운데「참새의 유익한 방면에 관한 고찰」에서는 참새는 벼 해충이나 잡초 씨앗을 먹기 때문에 유익성이 크며, 참새가 줄어든 결과 해충이 대발생했다고 기록했습니다.

섬참새

비슷한 사례로 1744년, 프로이센 국왕은 참새 때문에 발생하는 체리 피해를 줄이고자 대책을 마련했습니다. 도시에 정원을 소유한 사람은 매년 참새 2마리, 주택에 사는 사람은 6마리, 농민은 12마리를 잡아 머리만 가져오도록 했으며, 혹시 이를 충당하지 못하면 세금을 더 내도록 했습니다. 어느 주에서는 그해에 38만 2,919마리, 다음해에 38만 5,560마리 참새가 잡혔다고 합니다. 그리고 2년이 지나자 쐐기를 비롯한 다른 해충이 무척 많이 발생했습니다. 이에 국왕은 생태계에서 참새가 어떤 역할을 하는지 깨닫고서 참새 잡이를 금지하고 작은 새를 보호, 수입해 적극적으로 해충 구제에 나섰습니다. 중국에서도 마오쩌둥 정권 시절 '사해(四害) 추방 운동'이라는 이름으로 유사한 일이 있었습니다. 정부는 쥐, 참새, 모기, 파리를 네 가지 해로운 생물로 지정했고, 온 국민이 나서 이들을 족족 잡아들였지요. 그 결과, 참새가 줄어 논밭에 해충이 많아졌고 이 탓에 흉작이 이어졌습니다. 그제야 중국에서도 참새의 이로움을 깨닫고 무작위 포획을 중지했지요.

다행스럽게도 우리나라에서는 참새가 감소하면서 생태계나 사람 사회에 나쁜 영향을 미쳤다는 보고는 아직 없습니다. 달리 말하면, 현 시점에서는 참새 감소가 아주 다급하게 살펴야 하는 현상이 아니라는 뜻일 수도 있습니다. 사실 참새보다 빠르게 줄어드는, 실제로 멸종 위기에 처한 새가 우리나라에만 수십 종이 있기 때문입니다. 어쩌면 참새보다는 이런 새들에 더욱 관심을 갖고 보전하고자 힘을 모으는 것이 우선일지도 모릅니다.

그렇더라도 참새는 오랫동안 우리와 더불어 살아온 이웃 같은 새라는 점, 흔하고 평범하지만 생태계 균형을 유지하는 데 이바지하는 중요한 구성원이라는 점을 기억하며 애정을 갖고 바라보는 사람이 좀 더 많아지길 바랍니다.

작은 이웃과
더불어 사는 법

참새는 마을 주변에 살면서도 경계심이 무척 강합니다. 그런데 최근에는 사람 가까이 다가오는 참새를 종종 볼 수 있어요. 예전에는 참새를 포획*하거나 돌을 던져 쫓아내는 일이 비일비재해 사람을 매우 경계했으나, 요즘에는 이런 일이 거의 없어 사람에 대한 경계심이 많이 허물어진 듯합니다. 과거에 비해 참새와 사람 사이 거리가 제법 가까워진 지금, 참새에게 한 발자국 더 다가갈 수 있는 방법은 무엇인지 살펴봅시다.

● 먹이 주기

참새 먹이인 곤충이나 열매, 꿀, 풀씨 등이 거의 사라지는 겨울철에 먹이를 주면 참새와 친해질 수 있어요. 페트병에 해바라기씨, 호박씨,

---

* 먹거리가 풍부하지 않던 1960년대에는 참새구이가 인기 있는 안주였습니다. 그러다 1972년부터 야생동물 수렵 제한 조치가 시행되면서 국내산 참새 수급이 어려워 가격이 오르자 참새구이 인기는 점점 사그라들었습니다. 현재 참새는 멸종위기종은 아니지만 환경부에서 제정한 「야생동물 보호 및 관리에 관한 법률」에 따라 포획이 금지된 종입니다.

아몬드 등을 섞어서 넣고 매달아 놓거나 베란다, 마당에 뿌려 놓습니다. 감나무가 있다면 참새 겨울 양식으로 감(까치밥)을 몇 개 남겨 놓고, 솟대가 있으면 잘 익은 홍시를 몇 개 꽂아 둡니다. 소기름과 돼지기름은 겨울철에 부족한 동물성 단백질을 보충하는 데 큰 도움이 되므로 소기름과 돼지기름을 걸어 두는 것도 좋습니다. 이렇게 밥상을 차려 놓으면 참새뿐만 아니라 박새, 딱새, 직박구리, 노랑턱멧새 같은 새도 찾아올 거예요.

까치밥은 까치뿐만 아니라
참새 같은 다른 새에게도 매우 소중한 겨울 양식입니다.

물을 마시고 목욕할 수 있는 곳을 마련해 주면
참새가 즐겨 찾아올 거예요.

● 물 제공하기

물은 모든 생물이 생명을 유지하는 데 반드시 필요한 요소입니다. 철
새가 중간기착지에서 마시는 물은 체지방 축적률과 소화 효율을 높
이는 것으로 보고되었습니다(Sapir *et al.*, 2004). 그러므로 참새를 비롯
한 여러 새에게 물을 제공하는 것은 생존율을 높이는 기회를 제공하
는 것과 같답니다.

새에게 물이 필요한 이유가 하나 더 있어요. 새의 체온은 대략 40℃로 사람보다 높고 땀샘이 없기에 체온을 조절하고자 자주 목욕을 해야 합니다. 목욕하면서 깃털에 묻은 먼지나 기생충도 씻어 냅니다. 그래서 숲 속 옹달샘은 새를 관찰하기에 더없이 좋은 곳이지요.

겨울철에 얼지 않는 실개천이 있다면 여기에 적당한 깊이로 땅을 판다음, 돌로 울타리를 치고 이끼로 주변을 정리해 놓으면 참새는 물론이거니와 다양한 새가 모여들 것입니다. 이 같은 옹달샘을 만들기 어렵다면 상대적으로 설치가 쉽고 이동이 편리한 식수대를 놓는 것도 좋은 방법입니다.

● 새 집 달 기

예전에 참새는 주로 사람 사는 집에 둥지를 틀었습니다. 그러나 요즘 신축 건물은 대개 참새가 둥지를 틀기 어려운 구조여서 참새가 알을 낳고 새끼를 키울 만한 터가 점점 사라지고 있어요. 이런 상황에서 인공 새집은 좋은 대안이 되며, 참새 말고도 박새, 쇠박새, 진박새, 곤줄박이, 황금새 등에게 삶터가 되어 줍니다.

인공 새집은 참새가 자주 보이는 곳 중에서도 나뭇가지가 없고 잎이 무성하지 않은 곳에, 바람이 불어도 흔들리지 않도록 튼튼하게 답니다. 또한 바람이 심하게 불거나 비가 들이치지 않는 곳인지 살펴야 하고, 고양이나 족제비 같은 천적의 습격에 대비할 수 있도록 높이

둥지를 틀 만한 곳이 없을 때 인공 새집은
참새를 비롯한 여러 새에게 큰 도움이 됩니다.

2m 정도 되는 곳에 설치해야 해요. 그리고 새집은 늦어도 겨울철에
는 달아야 합니다. 이듬해 봄과 여름에 안정적으로 번식하려면 그 전
에 새로운 둥지에 익숙해질 시간이 필요하기 때문이지요.

● 나무 심기

주변에 좋아하는 나무가 많으면 자연스럽게 참새가 우리 곁으로 모
일 거예요. 참새는 감나무, 단풍나무, 벚나무, 산뽕나무, 삼나무, 산딸
나무, 참빗살나무, 피라칸다, 광나무, 보리밥나무 등을 좋아합니다. 특

히 광나무는 10월부터 이듬해 1월까지 열매를 맺기에 먹이가 드물어지는 늦가을부터 겨울까지 참새를 비롯한 새들에게 중요한 먹이원이 됩니다. 보리밥나무는 새들이 이동하는 시기인 4월에 열매를 맺기에 참새 같은 텃새는 물론이고 이동하는 철새에게 큰 도움이 될 거예요.

보리밥나무에 앉아 쉬는 참새들

참고문헌

- 국립공원연구원. 2006. 2006 조류조사연구 결과보고서.
- 국립생물자원관. 2017. 2017년 야생동물 실태조사 보고서.
- 권기정, 이두표, 김창회, 이한수. 2000. 조류학. 아카데미서적.
- 권영수. 2011. 국립공원둘레길 조류 및 새소리 QR코드. 국립공원관리공단 국립공원연구원.
- 빙기창, 최창용, 채희영. 2014. 철새 중간기착지에서 먹이대와 급수대의 이용 양상에 대한 고찰. 국립공원연구지. 11-15.
- 원병오. 삶 속의 우리 새. 한국자연환경보전협회. http://www.kacn.org/data/story/500101.pdf
- 원병휘, 이해병. 1968. 한국산 야생조류의 생태와 보호에 관한 연구. 동국대학교 논문집. 473-506.
- 이우신. 1997. 도시내 야생조류의 서식 현황과 보호대책 – 서울시를 사례로-. 환경생태학회지. 240-248.
- 이주희. 2011. 내이름은 왜?. 자연과생태.
- 조정옥, 정인창. 2006. 광나무 잎의 페놀성 화합물. 한국식품영양과학지 35: 713-720.
- 최종수. 2016. 새와 사람. GreenHome.
- 최창용, 채희영. 2007. 보리밥나무(*Elaeagnus macrophylla*)의 종자 산포와 발아율에 미치는 조류의 영향. 한국임학회지. 633-638.
- 환경부. 2011년 국립환경과학원 보도자료.

- Anderson, T. R. 1978. Populaton studies of European sparrows in North America. Occ. Papers Mus. Nat. Hist. Kansas 70: 1-58.
- Balat, F. 1971. C;utch size and breeding success of the Tree Sparrow, *Passer montanus* L., in centeral and southern Moravia Zool. Listy 20: 265-280.

- Bauer, Z. 1975. The biomass production of the Tree Sparrow, *Passer m. montanus* (L.) populations in the conditions of the flood forest. Lntl. Studies on Sparrows 8: 124-139.
- Bethune, G. 1961. Notes sur le Moineau friquet, *Passer montanus* (L.). Gerfaut 51: 387-398.
- Catuneanu, I & Theiss, F. 1965. [Investigation on sparrow (*Passer montanus* (L.) and *Passer montanus* (L.))reproduction in Romania] Analele Sectiei de Protectia Plantelor. 3: 329-336.
- Chia, H. K. Bei, T. H. Chen, T. Y. & Cheng, T. H. 1963. Preliminary studies on the breeding behaviour of the Tree Sparrow (*Passer montanus*). Acta Zool. Sinica 15: 527-536.(Chinese with English summary)
- Clement, P., Harris, A & Davis, J. 1993. Finches and sparrows. London; Christopher Helm.
- Cordero, P. J. & Salaet, M. 1990. Breeding season, population density and reproductive rate of the Tree Sparrow [*Passer montanus* (L.)] in Barcelona, Spain. In: J. Pinoski, & J. D. Summers-Smith, (eds.), Granivorous Birds in the Agricultural Landscape: 69-177. Warsaw: PWN.
- Creutz, G. 1949. Untersuchungen zur Brutbiogie des Feldsperlings (*Passer montanus* L.). Zool. Jahrb. 78: 133-172.
- Deckert, G. 1962. Zur Ethologie des Feldsperlings(*Passer montanus* L.) J. Orn. 103: 428-486.
- Dementiev, G. P. & Gladkov, N. A. (eds). 1954. [The Birds of the Soviet Union] Vol. 5. (Russian). English translation 1970. E. D. Gordon. Jerusalem: Israel Program for Scientific Translations.
- Dornbusch, M. 1973. Zur Siedlungsdichte und Ernahrung des Feldsperlings in Kiefern-Dickungen. Falke 20: 193-195.
- Eisenhut, E. & Lutz, W. 1936. Beobachtungen uber die Fortpflanzungsbiologie des Feldsperlings. Mitt. Vogelwelt 35: 1-14.
- Gladwin, T. & Sage, B. L. 1986. The Birds of Hertfordshire, Ware: Castlemead Pub.
- Graczyk, R. & Michocki, J. 1975. [The composition of food of Tree Sparrow

(*Passer montanus* L.) nestlings in pine forests in the period from Kuly 2 to August 18 in the ywars 1972 and 1973] Rocznik Akad. Rolniczej w Poznaniu 87: 79-87.(Polish)

- Groebbels, F., Kirchner, H. & Moberi, F. 1936. Ornithologische Hilfstabellen. Orn. Mischr. 61: 38-53.

- Hannover, B. 1989. Bestandsentwicklung und Brutbiologis des Feldsperlings (*Passer montanus*) auf der Korbacher Hochflache(nordhessen). Vogelk. Hefte Edertal 15: 52-65.

- Heinroth, O. & Heinroth, M. 1926. Die Vogel Mitteleuropas, Vol. 1. Berlin-Lichterfelde: Behrmuhler.

- Howard, R. and Moore, A. 1980. A Complete Checklist of the Birds of the World. Oxford Uni. Press, London.

- Katz, Ch. & Oldberg, S. 1975. Investigations on the breeding bilogy of *Passer montanus* (L.) Intl. Studies on Sparrow 8: 107-116.

- Kristin, A. 1984. Ernahrung und Ernahrungsokologie des Feldsperlings *Passer montanus* in der Ungebung von Bratislava. Folia Zool. 33: 143-157.

- Mackowicz, R., Pinoski, J. & Wieloch, M. 1970. Biomass production by House Sparrow (*Passer d. domesticus* L.) and Tree Sparrow (*Passer montanus* L.) population in Poland. Ekol. pol. 18: 465-501.

- Monroe, B. L. Jr. and Sibley C. G. 1993. A World Checklist of Birds. Yale Uni. Press, New Haven and London.

- Moreau, R. E & Greenway, J. C. Jr. 1962. Family Ploceidae. In Mayr, E. & Greenway, J. C. Jr.(eds.) Checklist of Birds of the World, 15. pp. 3-75. Museum of Comparative Zoology.

- Nanlinov, D. N. 1984. Nesting habits of the Tree Sparrow *Passer montanus* (L.) in Bulgaria. Intl. Studies on Sparrows 11: 47-70.

- Nice, M. M. 1943. Studies in the life history of the Song Sparrow. II. Trans. Linnaean Soc. New York 6: 1-328.(Chapter 18)

- Niethammer, G. 1937. Handbuch der deutschen Vogelkunde. Vol. 1. Leipzig: Akad. Verlagsges.

- Pinoski, J. 1968. Fecundity, mortality and biomass dynamics of a population of the Tree Sparrow. Ekol. pol. A 16: 1-58.

- Ruan, X. & Zheng, G. 1991. Breeding ecology of the Tree Sparrow (*Passer montanus*) in Beijing, In: J. Pinoski, B. Kavanagh. & W. Gorski(eds.) Nestling Mortality of Granivorous Birds due to Microorganisms and Toxie Substances: 99-10.
- Sage, B. L. 1962. The breeding distribution of the Tree Sparrow. London Bird Rep. 27: 56-65.
- Sanchez-Aguada, F. J. 1985. Periodo de incubacion y oerdidas de heuvos en el gorrion molinero, *Passer montanus* L. Studia Oecologica6: 169-179.
- Sapir, N., I. Tsurim, G. Bruria and Z. Abramsky. 2004. The effect of water availability on fuel deposition of two staging Sylvia warblers. Journal of Avian Biology 35: 25-32.
- Scherner, E. R. 1972. Untersuchungen zur Okologie des Feldsperlings (*Passer montanus*). Vogelwelt 93: 41-68.
- Schonfeld, M. & Brauer, P. 1972. Efgebnisse der 8 jahrigen Untersuchungen an der Hohlen-bruterpopulation eines Eichen-Hainbuchen-Linden-Waldes in der 'Alten Gohle' bei Freyburg/Unstrut. Hercynia N. F. 9: 40-68.
- Seel, D. C. 1964. An analysis of the nest record cards of the Tree Sparrow. Bird Study 1: 265-271.
- Seel, D. C. 1968. Clutch-size, incubation and hatching success in the House Sparrow and Tree Sparrow *Passer* spp. at Oxford. Ibis 110: 270-282.
- Seel, D. C. 1970. Nestling survival and nestling weights in the House Sparrow and Tree Sparrow *Passer* spp. at Oxford. Ibis 112: 1-14.
- Steffen, J. 1962. *Passer montanus* (Linnaeus). In : U. Glutz von Blotzheim(ed.). Die Briutvvogel der Schweiz: 571-575. Aarau: Schweizerische Vogelwarte Sempach.
- Summers-Smith, J. D. 1963. The House Sparrow. London. Collins.
- Summers-Smith, J. D. 1988. The Sparrows. Calton. T & A D Poyser.
- Summers-Smith, J. D. 1992. In Search of Sparrows. London. T & A D Poyser
- Summers-Smith, J. D. 1995. The Tree Sparrow. Bath Lower.
- Szlivka, L. 1981-1983. Data on the biology of the Tree Sparrow (*Passer*

montanus). Larus 33-35: 141-159.

- Torok, J. 1990. The impact of insecticides on the feeding of the Tree Sparrow *Passer montanus* (L.) in orchards during the parental care period. In: J. Pinowski & J. D. Summers-Smith. Granivorous Birds in the Agricultural Landscape: 199-210.
- Veiga, J. P. 1990. A comparative study of reproductive adaptations in House and Tree Sparrows. Auk 107: 45-59.
- Wieloch, M. & Fryska, A. 1975. Biomass production and energy requirements of the house sparrow (*Passer domesticus* (L.)) and the tree sparrow (*Passer montanus* (L.)) during the breeding season. Pol. Ecol. Studies. 1: 243-252.
- Witherby, H., Jouurdain, F. C. R., Ticehurst, N. F. & Tucker, B. W. 1938-41. The Handbook of British Birds. London: Witherby.

- Birder. 1995. 身近な主人スズメも生活を探る. 文一總合出版.
- 唐沢孝一. 1989. 雀のお宿は街のなか. 中央公論社.
- 藤巻裕蔵. 1996. 北海道東部におけるスズメとニュウナイスズメの生息状況. STRIX. 95-105.
- 山階鳥類研究所. 2002. Atlas of Japanese Migratory Birds from 1961 to 1995. 山階鳥類研究所. 我孫子.
- 山下善平. 1978. スズメの生態. 植物防疫.
- 三上修. 2012. スズメの謎. 誠文堂新光社.
- 柿澤亮三·小海途銀次郎. 1999. 日本の野鳥(巣と卵図鑑). 世界文化社.
- 阿部学. 1969. カラフトスズメ *Passer montanus kaibatoi* Munsterhjelmの生態に関する研究. 林業試験研究報告第200号.
- 佐野昌男. 1965. スズメの生態. 科学の実験.
- 佐野昌男. 1974. 雪国のスズメ.
- 蔡熙永. 1997. 異なる二つのハビタッとにおけるニュウナイスズメの繁殖戦略の比較研究. 岩手大学大学院 連合農学研究科 博士論文.
- 叶内拓哉. 2006. 野鳥と木の実ハンドブック. 文一總合出版.